U0297080

四川省工程建设地方标准

四川省建筑节能门窗应用技术规程

Technical Specification for Application of Building Window and
Door on Energy Efficiency in Sichuan Province

DBJ51/T041-2015

主编单位： 四 川 省 建 筑 科 学 研 究 院
批准部门： 四 川 省 住 房 和 城 乡 建 设 厅
施行日期： 2 0 1 5 年 1 1 月 1 日

西南交通大学出版社

2015 成 都

图书在版编目（ＣＩＰ）数据

四川省建筑节能门窗应用技术规程 / 四川省建筑科学研究院主编. 一成都：西南交通大学出版社，2015.12

（四川省工程建设地方标准）

ISBN 978-7-5643-4416-0

Ⅰ. ①四… Ⅱ. ①四… Ⅲ. ①门 – 建筑装饰 – 节能 – 技术规范 – 四川省②窗 – 建筑装饰 – 技术规范 – 四川省 Ⅳ. ①TU111.19-65

中国版本图书馆 CIP 数据核字（2015）第 284626 号

四川省工程建设地方标准

四川省建筑节能门窗应用技术规程

主编单位　四川省建筑科学研究院

责 任 编 辑	曾荣兵
封 面 设 计	原谋书装
出 版 发 行	西南交通大学出版社 （四川省成都市金牛区交大路 146 号）
发行部电话	028-87600564　028-87600533
邮 政 编 码	610031
网　　　址	http://www.xnjdcbs.com
印　　　刷	成都蜀通印务有限责任公司
成 品 尺 寸	140 mm × 203 mm
印　　　张	2.5
字　　　数	64 千字
版　　　次	2015 年 12 月第 1 版
印　　　次	2015 年 12 月第 1 次
书　　　号	ISBN 978-7-5643-4416-0
定　　　价	26.00 元

关于发布四川省工程建设地方标准
《四川省建筑节能门窗应用技术规程》
的通知

川建标发〔2015〕526号

各市州及扩权试点县住房城乡建设行政主管部门，各有关单位：

由四川省建筑科学研究院主编的《四川省建筑节能门窗应用技术规程》，已经我厅组织专家审查通过，现批准为四川省推荐性工程建设地方标准，编号为：DBJ51/T041－2015，自2015年11月1日起在全省实施。

该标准由四川省住房和城乡建设厅负责管理，四川省建筑科学研究院负责技术内容解释。

四川省住房和城乡建设厅

2015年07月21日

前　言

根据四川省住房和城乡建设厅《关于下达四川省工程建设地方标准〈四川省建筑节能门窗应用技术规程〉编制计划的通知》（川建标发〔2013〕3 号），编制组经深入调查研究，认真总结实践经验，参考有关国内外标准，并在广泛征求意见的基础上，制定本规程。

本规程共有 8 章和两个附录，主要技术内容是：1 总则；2 术语；3 基本规定；4 材料；5 设计；6 加工制作；7 安装施工；8 工程验收。

本规程由四川省住房和城乡建设厅负责管理，由四川省建筑科学研究院负责具体技术内容的解释。执行过程中如有意见或建议，请寄送四川省建筑科学研究院（地址：四川省成都市一环路北三段 55 号；邮政编码：610081；电话：028-83372505，028-83331213）

本 规 程 主 编 单 位：四川省建筑科学研究院

本 规 程 参 编 单 位：四川省建筑设计研究院
华塑建材有限公司
兴发铝业（成都）有限公司
台玻成都玻璃有限公司
四川南玻节能玻璃有限公司

四川皇家蓝卡铝业有限公司

四川省光泓铝木门窗有限责任公司

中国华西十二公司

四川日月建设集团有限公司

本规程主要起草人：　刘　晖　金　洁　余恒鹏　曾　洵

冯玉秋　韦延年　高永昭　储兆佛

罗进元　苏　凯　龙培军　刘　洪

姬文刚　何光明　詹庆富　莫怀进

本规程主要审查人：　秦　钢　黄光洪　张仕忠　刘小舟

江成贵　高庆龙　胡静民

目　次

Contents

1 总　则

1.0.1　为规范四川省建筑节能门窗产品及工程质量，保证节能、安全及环保性能符合要求，制定本规程。

1.0.2　本规程适用于四川省地域内新建、改建和扩建的民用建筑节能门窗的材料选择、设计、加工制作、安装施工及工程验收。

1.0.3　建筑节能门窗的材料选择、设计、加工制作、安装施工及工程验收，除应按本规程执行外，尚应符合国家和四川省现行相关标准的规定。

2 术　语

2.0.1　建筑节能门窗　building window and door on energy efficiency

符合现行建筑节能设计标准，由型材与玻璃系统及配件组合成的建筑门窗。

2.0.2　型材　profiles

构成建筑门窗的框、竖横梃、扇梃及拼樘框杆件等，包含主型材和辅型材。按加工成型的材质不同有单质型材和复合型材。

2.0.3　主型材　major profiles

构成建筑门窗框、扇、拼樘杆件系统的型材。

2.0.4　辅型材　supplemental profiles

镶嵌或固定在主型材上的辅助杆件。

2.0.5　主要受力杆件　major load-bearing parts cross section

建筑门窗承受并传递门窗自重力和水平风荷载等作用力的横框、竖框、扇、梃型材，以及组合门窗拼樘框型材。

2.0.6　隔热铝合金型材　thermal barrier Aluminum alloy profiles

以低热导率的非金属隔热材料连接铝合金型材而制成的具有隔热功能的铝合金型材。

2.0.7　复合型材　combination profiles

采用不同连接工艺将两种单质型材复合成一体的型材。

2.0.8 玻璃系统　glass system

嵌入在型材槽口中，由不同种类的单片玻璃、二片或多片玻璃组合加工成型的玻璃构造层。

2.0.9 建筑门窗节能性能标识　performance labeling of building window and door on energy efficiency

对标准规格建筑门窗的传热系数、遮阳系数、空气渗透率、可见光透射比四项指标客观描述的一种信息性标识，简称"门窗标识"。

2.0.10 暖边隔条　warm edge spacer

采用低热导率材料制成，用于均匀支撑玻璃周边并分隔形成干燥气体空间层，提高中空玻璃边部热阻，使其边缘线传热系数小于 0.04 W/（$m^2 \cdot K$）的间隔条。

2.0.11 附框　auxiliary frame

安装门窗前在墙体洞口预先安装的构件，门窗通过该构件与墙体相连。

3 基本规定

3.0.1 建筑节能门窗的保温、隔热及安全、环保性能除应符合现行国家、行业和四川省相关标准的规定外，尚应对其节能性能进行标识。

3.0.2 建筑节能门窗的型材、玻璃系统、主要构配件和门窗产品的性能检测，除应符合本规程的要求外，还应符合现行行业标准《建筑门窗工程检测技术标准》JGJ/T 205 的规定。

3.0.3 建筑节能门窗使用的玻璃系统，应按现行国家、行业和四川省相关标准的规定，采用与之相符的安全玻璃和防护措施。

3.0.4 建筑节能门窗进入建筑工程现场后，应对其外观、品种、规格及附件进行检查验收，对相关质量证明文件进行核查。

3.0.5 建筑节能门窗的安装施工，应在建筑主体及门窗洞口基层质量验收合格后进行。门窗框与洞口基层间的接合缝应进行防水密封及保温填缝处理，且保温填缝应饱满。有条件时，宜采用附框连接固定。

3.0.6 建筑节能门窗的安装位置、开启方式与开启面积，应符合设计和现行国家、行业及四川省相关标准的要求。

3.0.7 安装在易于受到人体或物体碰撞部位的建筑节能门窗，应按国家现行相关标准的规定设置适宜的防护措施或醒目标志。

4 材　料

4.1 型　材

4.1.1 未增塑聚氯乙烯（PVC-U）型材应符合现行国家标准《门、窗用未增塑聚氯乙烯（PVC-U）型材》GB/T 8814 的规定，彩色型材应符合现行行业标准《建筑门窗用未增塑聚氯乙烯彩色型材》JG/T 263 的规定，同时还应符合下列要求：

　　1 塑料门窗主型材（即框、扇、梃）必须满足表 4.1.1 的要求。

　　2 主型材应为多腔结构型材，断面应具有独立的保温腔室、增强型钢腔室及排水腔室。高性能的节能门窗可选用四腔或四腔以上的三密封型材。

　　3 型材结构设计应符合现行行业标准《塑料门窗及型材功能结构尺寸》JG/T176 的有关规定。

表 4.1.1　塑料门窗主型材性能

项　目		性能指标
可视面最小实测壁厚（mm）	门型材	≥2.8
	窗型材	≥2.5
非可视面最小实测壁厚（mm）	门型材	≥2.5
	窗型材	≥2.0
加热后尺寸变化率	两相对最大可视面加热后尺寸变化率（％）	≤2.0
	每两可视面的加热后尺寸变化率之差（％）	≤0.4

项　目		性能指标
150 °C 加热后状态	所有型材	无气泡、裂痕、麻点
	共挤型材	共挤层不得出现分离
落锤冲击	可视面破裂的试样数，个	≤1
	共挤型材	共挤层不得出现分离
老化	人工老化时间（h）	≥6000
	冲击强度保留率（%）	≥60
可焊接性	焊角受压弯曲应力（MPa） 平均值	35
	最小值	30

注：表中性能按《门、窗用未增塑聚氯乙烯（PVC-U）型材》GB/T 8814 检测。

4.1.2 铝合金型材除应符合现行国家标准《铝合金建筑型材》GB 5237.1～6 的规定外，还应符合下列规定：

1 主型材拉伸性能必须满足表 4.1.2-1 的要求。

表 4.1.2-1　铝合金门窗主型材拉伸性能

合金牌号	供应状态	壁厚（mm）	抗拉强度（R_m）N/mm²	规定非比例延伸强度（$R_{p0.2}$）N/mm²	断后伸长率（%）	
					A	A50 mm
			≥			
6061	T4	所有	180	110	16	16
	T6	所有	265	245	8	8
6063	T5	所有	160	110	8	8
	T6	所有	205	180	8	8

合金牌号	供应状态	壁厚（mm）	抗拉强度（R_m）N/mm^2	规定非比例延伸强度（$R_{p0.2}$）N/mm^2	断后伸长率（%）	
					A	A50 mm
			≥			
6063A	T5	≤10	200	160		5
		>10	190	150	5	5
	T6	≤10	230	190	—	5
		>10	220	180	4	4

注：表中性能参数按《金属材料 室温拉伸试验方法》GB/T228 检测。

2 图 4.1.2 所示铝合金门窗型材壁厚应符合下列要求：

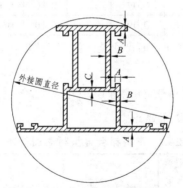

图 4.1.2 壁厚尺寸示意图

A—翅壁壁厚；B—封闭空腔周壁壁厚；C—两个封闭空腔间的隔断壁厚

注：外接圆是指能够将型材横截面完全包围的最小的圆。

1）除压条、压盖、扣板等需要弹性装配的型材之外，所有建筑外门窗型材最小公称壁厚不应小于 1.20 mm；框、扇、拼樘框等主型材的主要受力部位基材最小实测壁厚，外门不应小于 2.0 mm；外窗不应小于 1.4 mm。

2）壁厚尺寸分为 A、B、C 三组，壁厚允许偏差应满足表 4.1.2-2 的要求。

表 4.1.2-2　铝合金型材壁厚允许偏差

级别	公称壁厚	对应于下列外接圆直径的型材（基材）壁厚尺寸允许偏差（mm，±）					
		≤100		>100～250		>250～350	
		A	B、C	A	B、C	A	B、C
普通级	≤1.50	0.15	0.23	0.20	0.30	0.38	0.45
	>1.50～3.00	0.15	0.25	0.23	0.38	0.54	0.57
高精级	≤1.50	0.13	0.21	0.15	0.23	0.30	0.35
	>1.50～3.00	0.13	0.21	0.15	0.25	0.36	0.38
超高精级	≤1.50	0.09	0.10	0.10	0.12	0.15	0.25
	>1.50～3.00	0.09	0.13	0.10	0.15	0.15	0.25

注：铝合金型材横截面尺寸允许偏差可选用普通级，有配合要求时应选用高精级或超高精级。

3　铝合金型材表面处理层厚度应符合表 4.1.2-3 的规定，表面颜色应符合设计要求。

表 4.1.2-3　常用铝合金型材表面处理层厚度

品种	阳极氧化阳极氧化加电解着色阳极氧化加有机着色	电泳涂漆		粉末喷涂	氟碳漆喷涂	
表面处理层厚度	膜厚级别	膜厚级别		装饰面上涂层最小局部厚度	装饰面平均膜厚	
	AA15	B	S	≥40μm	≥30μm	二涂
		有光或哑光透明漆	有光或哑光有色漆		≥40μm	三涂

8

4 隔热铝合金型材的力学性能应符合表4.1.2-4的要求。

表 4.1.2-4 隔热铝合金型材力学性能

试验项目	复合方式	试验结果						
		纵向抗剪特征值（N/mm）			横向抗拉特征值（N/mm）			隔热材料残余变形量平均值（mm）
		室温	低温	高温	室温	低温	高温	
纵向剪切试验横向拉伸试验	穿条式	≥24	≥24	≥24	≥24	≥24	≥24	—
	浇注式	≥30	≥30	≥24	≥24	≥24	≥12	—
高温持久负荷试验	穿条式	—	—	—	—	≥24	≥24	≤0.6
热循环试验	浇注式	≥30						≤0.6

注：当隔热铝合金型材纵向抗剪特征值和横向抗拉特征值在室温状态的测试值大于限值1倍时，可不做高温及低温状态的检测。

4.1.3 玻璃纤维增强塑料拉挤中空型材应符合下列规定：

1 玻璃纤维增强塑料拉挤中空型材除除应符合现行行业标准《门、窗用玻璃纤维增强塑料拉挤中空型材》JC/T 941 的相关规定外，还应符合表4.1.3的要求；

2 型材表面应选择适用于玻璃钢材质的户外涂料进行涂装处理。

表 4.1.3 玻璃纤维增强塑料拉挤中空型材性能

项 目	性能指标	试验方法
外壁厚（mm）	≥2.2	JC/T 941
涂层附着力	在切口交叉处有少许涂层脱落，但交叉切割面积受影响不能明显大于5%	GB/T 9286
横向弯曲强度	不应小于 50 MPa	GB/T 1449
涂层耐老化性能	1 000 h 老化试验后，涂层不得出现气泡、裂纹、斑点、条纹、分离等明显缺陷，颜色变化 $\Delta E \leqslant 5$	GB/T 1865

4.1.4 木型材应符合下列规定:

1 木型材应符合现行国家标准《木门窗》GB/T 29498 的要求。

2 木材的含水率应控制在 6% ~ 13%,且比使用地区的木材年平衡含水率低 1% ~ 3%。

4.1.5 铝木复合型材应符合下列规定:

1 铝木复合型材中的材料性能应符合下列要求:

1)铝合金型材性能应符合本规程 4.1.2 条中的高精级要求,木型材性能应符合本规程 4.1.4 条要求。

2)木材应选用同一树种,含水率不低于 6%,且不高于 13%;

3)集成材除外观质量应符合现行行业标准《集成材非结构用》LY/T 1787 的要求外,还应使用优等品。可视面拼条长度除端头外应大于 250 mm。厚度方向无拼接,宽度方向相邻层的拼接缝应错开。指接缝隙处无明显缺陷。

4)木材表面光洁、纹理相近,无死节、虫眼、腐朽、夹皮等现象。型材平整无翘曲,棱角部位应为圆角。

5)木材用涂料应符合《室内装饰装修用水性木器涂料》GB/T 23999、《木器用不饱和聚酯漆》LY/T 1740 和《室内装饰装修材料水性木器涂料中有害物质》GB24410 的规定,耐黄变性 $\Delta E \leqslant 1.0$(紫外线光照射不小于 168 h),且木材四面都应涂漆,甲醛释放含量应不大于 1.5 mg/L。

6)铝合金型材与木型材连接之间应有通风透气收缩缝。

2 铝木复合型材的性能,除应符合现行国家标准《建筑用节能门窗 第 1 部分:铝木复合门窗》GB/T 29734.1 的要求外，还应符合表 4.1.5 的要求。

表 4.1.5　复合型材性能

项　目	性能指标	试验方法
结合强度 （N/mm）	≥2	JG/T 175
加热后尺寸变化率 （%）	主型材两个相对最大可视面的加热后尺寸变化率 < 2%；每个试样两可视面的加热后尺寸变化率之差应 ≤ 0.4%	GB/T 8814

4.2　玻　璃

4.2.1　单片玻璃应符合下列规定：

　　1　单片玻璃（平板玻璃、着色玻璃、镀膜玻璃、半钢化玻璃和钢化玻璃等）的尺寸偏差、外观质量及性能应符合现行国家标准《平板玻璃》GB 11614、《着色玻璃》GB/T 18701、《镀膜玻璃》GB/T 18915、《半钢化玻璃》GB/T 17841、《建筑用安全玻璃　第二部分：钢化玻璃》GB 15763.2 的规定，厚度偏差和厚薄差应符合表 4.2.1 的规定。

表 4.2.1　厚度偏差和厚薄差（mm）

公称厚度	厚度偏差	厚薄差
5 ~ 6	± 0.2	0.2
8 ~ 12	± 0.3	0.3

2 钢化玻璃的表面应力不应小于 90 MPa，弯曲度的弓形变形不应大于 0.3%、波形变形不应大于 0.2%。

3 离线低辐射镀膜玻璃表面发射率应低于 0.15，在线低辐射镀膜玻璃应低于 0.25。

4.2.2 夹层玻璃除应符合现行国家标准《建筑用安全玻璃 第三部分：夹层玻璃》GB 15763.3 的要求外，还应符合下列要求：

1 夹层玻璃应为干法加工制成；

2 夹层玻璃的单片玻璃厚度相差宜不大于 2 mm。

4.2.3 中空玻璃除应符合现行国家标准《中空玻璃》GB/T 11944 中的相关规定外，还应符合下列规定及表 4.2.3 的要求：

1 中空玻璃的空气层厚度不应小于 9 mm，单片玻璃厚度不应小于 5 mm，玻璃厚度相差不宜大于 3 mm。

2 中空玻璃间隔条宜采用连续折弯，最大限度地减少接驳处。对节能要求较高的门窗，宜采用非金属材料的暖边间隔条。

3 中空玻璃密封应采用双道密封，双道密封外层密封胶层厚度为 5 mm ~ 7 mm。

4 中空玻璃间层采用惰性气体填充时，初始气体含量及密封耐久性能应符合表 4.2.3 的要求。

5 镀膜玻璃在合成中空玻璃使用前应与外道密封胶做相容性试验。

表 4.2.3 中空玻璃性能

项　目	性能指标	试验方法
露点	< - 40 ℃	GB/T 11944
水气密封耐久性能	水分渗透指数 $I \leqslant 0.25$，平均值 $I_{av} \leqslant 0.20$	GB/T 11944
初始气体含量	充气中空玻璃的初始气体含量（V/V）$\geqslant 85\%$	GB/T 11944
气体密封耐久性能	充气中空玻璃经气体密封耐久性能试验后，气体含量应（V/V）$\geqslant 80\%$	GB/T 11944
可见光透射比	符合设计要求	JGJ/T 151
遮阳系数	符合设计要求	JGJ/T 151
传热系数	符合设计要求	GB/T 8484
耐紫外线辐照，168 h	表面无结雾或污染的痕迹、玻璃原片无明显错位和产生胶条蠕变	GB/T 11944

4.3　密封材料

4.3.1　建筑门窗用密封材料应符合现行国家标准及行业标准的规定，并应按功能要求、使用范围及型材构造尺寸选用。

4.3.2　用于安装玻璃的密封材料应选用橡胶系列密封条或硅酮密封胶。

4.3.3　框扇用密封条应符合现行行业标准《建筑门窗用密封胶条》JG/T 187 的要求。塑料门窗密封条质量应符合现行国家标准《塑料门窗密封条》GB/T 12002 等标准的要求。密封胶应符合现行国家标准《硅酮建筑密封胶》GB/T14683、《建筑窗用弹性密封胶》JC/T 485 的有关规定。

4.3.4 门窗密封毛条应采用紫外线稳定和硅化处理的平板加片型,毛条的毛束应经过硅化处理。密封毛条的空气渗透性能、机械性能及尺寸允许偏差应符合现行行业标准《建筑门窗密封毛条技术条件》JC/T 635 中优等品的规定。

4.4 五金配件、附件、紧固件

4.4.1 建筑门窗采用的五金配件、附件、紧固件应符合现行国家标准及行业标准的规定,材质以不锈钢、铝合金、锌合金以及优质工程塑料为主,应具有操作方便及标准化、系列化的特点。

4.4.2 建筑门窗合页、滑撑、滑轮等五金件的选用应满足门窗承载力要求,五金件应符合现行行业标准《建筑门窗五金件通用要求》JG/T 212 的规定。

4.4.3 门窗五金件在规定荷载作用下,门的反复启闭次数不应少于 10 万次,窗的反复启闭次数不应少于 1 万次,且启闭无异常,使用无障碍。

4.5 其他材料

4.5.1 玻璃支承块应采用挤压成形的未增塑 PVC、增塑 PVC 或邵氏 A 硬度为 80~90 的氯丁橡胶等材料制成。支承块最小长度不得小于 50 mm,厚度等于边缘间隙。

4.5.2 与密封胶配合使用的双面胶条应具有透气性。

4.5.3 铝合金门窗型材的隔热腔中的填充材料，宜使用导热系数低的聚苯乙烯泡沫条或发泡密封条，以及低发泡的发泡材料。

4.5.4 PVC塑料门窗增强型钢及附框材质应符合《碳素结构钢冷轧钢带》GB716的规定，内外表面均应进行防锈处理，增强型钢的质量应符合现行行业标准《聚氯乙烯（PVC）门窗增强型钢》JG/T131的有关规定。PVC塑料门窗主要受力杆件的增强型钢的厚度应经计算确定，最小实测壁厚：门≥2.0 mm；窗≥1.5 mm；副框≥1.5 mm；组合窗拼樘框≥2.0 mm。

4.6 性能要求

4.6.1 节能门窗除应符合国家和四川省现行相关标准的要求外，还应符合表4.6.1-1、表4.6.1-2和表4.6.1-3的规定。

表4.6.1-1 外门窗框、扇外形尺寸允许偏差（mm）

项 目			尺寸范围	偏差值
宽度、高度	PVC-U 塑料	门	≤2 000	±2.0
			>2 000	±3.0
		窗	≤1 500	±2.0
			>1 500	±3.0
	铝合金门、窗		<2 000	±1.5
			≥2 000 <3 500	±2.0
			≥3 500	±2.5
对角线（门框、扇和窗框、扇）			≤3.0	
（相邻构件组合处的）同一平面度	PVC-U 塑料门、窗		≤0.4	
	铝合金门、窗		≤0.3	

表 4.6.1-2 外门窗物理性能

项 目		性能指标	试验方法
气密性能	单层建筑～6层建筑	≥4 级	GB/T 7106
	7层及以上建筑	≥6 级	
	公共建筑	≥6 级	
水密性能	单层建筑～6层建筑	≥2 级	
	7层及以上建筑	≥3 级	
抗风压性能	单层建筑～6层建筑	≥2 级	
	7层及以上建筑应	≥3 级	
保温性能		符合设计要求	GB/T 8484
遮阳系数		符合设计要求	JGJ/T 151
可见光透射比		符合设计要求	
计权隔声量 （dB）	住宅建筑外窗、临街外窗、阳台门	≥30	GB/T 8485
	其他门窗	≥25	

表 4.6.1-3 塑料门窗机械力学性能技术要求

项 目		技术要求
开关疲劳	门	经 10 万次的开关试验后，试件及五金件不损坏，其固定处及玻璃压条不松脱，仍保持使用功能正常
	窗	经 1 万次的开关试验后，试件及五金件不损坏，其固定处及玻璃压条不松脱，仍保持使用功能正常
开关力（N）	平和页	≤80
	滑撑	≥30，≤80
	推拉窗	≤100
	上下推拉窗	≤135
	平开门	≤80
	推拉门	≤100

项　目		技术要求	
大力关闭		经模拟 7 级风连续开关 10 次,试件不损坏,仍保持开关功能	
开启限位装置(制动器)受力		在 10 N 力的作用下,开启 10 次,试件不损坏	
焊接角破坏力(N)	类型	计算值	实测值
		窗框	窗扇	
	平开窗	≥2 000	≥2 500	>计算值
	平开门	≥3 000	≥6 000	
	推拉窗	≥2 500	≥1 800	
	推拉门	≥3 000	≥4 000	

表 4.6.1-4　铝合金门窗及铝木复合门窗机械力学性能技术要求

项　目		技术要求
启闭力	门、窗	<50N 的启、闭力作用下,能灵活开启和关闭
	带闭门器的平开门、地弹簧门和提升推拉门以及折叠推拉窗和无提升力平衡装置的提拉窗	供需双方协商确定
反复启闭性能	门	经 10 万次反复启闭后,启闭无异常,使用无障碍
	窗	经 1 万次反复启闭后,启闭无异常,使用无障碍
	带闭门器的平开门、地弹簧门以及折叠推拉、推拉下悬、提升推拉、提拉等门、窗	启闭次数由供需双方协商确定

5 设 计

5.1 一般规定

5.1.1 节能门窗的设计应根据建筑性质和建筑所在地区的气候条件，按现行建筑设计、建筑节能设计标准的规定进行。

5.1.2 根据建筑性质及建筑节能设计标准确定门窗传热系数、遮阳系数、可见光透射比、气密性能、水密性能、抗风压性能及隔声性能，应在设计文件中注明。

5.2 立面设计

5.2.1 按照建筑使用功能与建筑节能设计标准控制窗墙面积比、开启形式、开启面积和窗地面积比。

5.2.2 最大许用面积除应符合国家和四川省现行相关标准的规定外，还应符合表 5.2.2-1 和表 5.2.2-2 的规定。

表 5.2.2-1 安全玻璃最大许用面积

玻璃种类	公称厚度（mm）	最大许用面积（m²）
钢化玻璃	5	3.0
	6	4.0
	8	6.0
	10	8.0
	12	9.0

玻璃种类	公称厚度（mm）	最大许用面积（m²）
	6.38 6.76 7.52	3.0
夹层玻璃	8.38 8.76 9.52	5.0
	10.38 10.76 11.52	7.0
	12.38 12.76 13.52	8.0

表 5.2.2-2 有框平板玻璃最大许用面积

玻璃种类	公称厚度（mm）	最大许用面积（m²）
	5	0.5
	6	0.9
有框平板玻璃	8	1.8
	10	2.7
	12	4.5

5.2.3 建筑门窗开启扇除应满足最大的开启尺寸要求外，还应同时兼顾提高玻璃原片的合理利用率。

5.3 结构设计

5.3.1 作用于门窗上的风荷载标准值，应根据现行国家标准《建筑结构荷载规范》GB 50009 的有关规定按下式计算：

$$W_k = \beta_{gz} \mu_{s1} \mu_z W_0 \qquad (5.3.1)$$

式中 W_k——风荷载标准值（kN/m²）；

β_{gz}——阵风系数；

μ_{s1}——风荷载体型系数；

μ_z——风压高度变化系数；

W_0——基本风压（kN/m^2）。

当风荷载标准值的计算结果小于 1.0 kPa 时，应按 1.0 kPa 取值。

5.3.2 门窗杆件应根据受荷情况和支承条件采用结构力学弹性方法计算内力和挠度。外门窗在各性能分级指标值风压作用下，主要受力杆件相对面法线挠度应符合表 5.3.2 的规定。

表 5.3.2　门窗主要受力杆件相对面法线挠度（mm）

支承玻璃种类	单层玻璃、夹层玻璃	中空玻璃
相对挠度	≤L/100	≤L/150
相对挠度最大值	≤20	

注：L 为主要受力杆件的支承跨距。

5.4　性能设计

5.4.1 保温性能设计应符合下列要求：

1 塑料门窗应采用多腔结构塑料型材，且不应小于三腔；

2 铝合金门窗应采用隔热铝合金型材，隔热条截面高度应不小于 14.8 mm；

3 玻璃组合宜采用单面 Low-E 中空玻璃，空气间层不应小于 9 mm。

5.4.2 气密性能设计应符合下列要求：

1 宜选用平开门窗；

2 合理设计门窗缝隙断面尺寸与几何形状，提高门窗缝隙空气渗透阻力；

3 采用耐久性好的硅酮密封胶或橡胶条进行玻璃镶嵌密封和框扇之间的密封；

4 平开扇高度大于 900 mm 时，应采用多点锁闭。

5.4.3 水密性能设计应符合下列要求：

1 宜采用等压原理及压力平衡设计门窗的排水系统，确保玻璃镶嵌槽、框扇配合空间形成等压腔；

2 对于不采用等压原理及压力平衡设计的门窗结构，应采取有效的多层密封防水措施和结构防水措施，实现水密性能设计要求；

3 排水槽的尺寸、数量、分布应保证排水系统的畅通，门窗室外侧配置防风盖；

4 门窗型材构件连接和附件装配缝隙以及门窗框与洞口墙体安装间隙均应有防水措施。

5.4.4 隔声性能设计应符合下列要求：

1 应采用中空玻璃或夹层玻璃；

2 门窗玻璃镶嵌缝隙及框与扇开启缝隙，应采用具有柔性和弹性的密封材料密封；

3 门窗框与洞口墙体之间的安装缝隙应进行密封处理。

5.5 安全设计

5.5.1 人员流动性大的公共场所，易于受到人员和物体碰撞的门窗下列部位应采用安全玻璃：

1 7层及7层以上建筑物外开窗;

2 单块玻璃面积大于 1.5 m^2;

3 活动门玻璃和固定门玻璃;

4 玻璃底边离最终装修面小于 500 mm 以下的落地窗;

5 倾斜窗、天窗及易遭受撞击、冲击而造成人体伤害的其他部位窗。

5.5.2 推拉门窗的扇应有防止从室外侧拆卸的装置;用于外墙时,必须设有防止窗扇向室外脱落的装置。

5.5.3 门窗玻璃压条应安装在室内侧,压条装配后应牢固。

5.5.4 金属门窗防雷设计,应符合现行国家标准《建筑物防雷设计规范》GB 50057 的规定。一类防雷建筑物其建筑高度在 30 m 及以上的外门窗,二类防雷建筑物其建筑高度在 45 m 及以上的外门窗,三类防雷建筑物其建筑高度在 60 m 及以上的外门窗应采取防侧击雷和等电位保护措施,并应与建筑物防雷系统可靠连接。

6 加工制作

6.1 一般规定

6.1.1 门窗的加工制作，除固定玻璃装配工序外，其余工序应在具有门窗加工制作能力的门窗企业生产车间进行，不得在施工现场制作。

6.1.2 门窗构件加工前应按建筑设计图进行核对，并对已施工完成的门窗洞口进行复查，按安装构造要求调整门窗设计大样图尺寸，并经设计确认后，方可加工制作。

6.1.3 门窗组装必须有组装图和保证门窗达到设计性能的工艺、技术要求。门窗所用材料及配件应进行进厂验证，其性能应满足现行有关标准的规定，并应有出厂合格证、质量保证书和有资质的检验机构出具的检测报告。应对主要材料外观、规格尺寸进行抽检。

6.1.4 用于加工门窗构件的生产设备、专用模具和器具必须保证加工产品达到设计要求。检验器具要定期进行计量检定和校准。

6.1.5 硅酮结构密封胶应在清洁的室内环境中进行注胶，注胶前应进行硅酮结构密封胶与型材的相容性合格实验。

6.2 门窗构件加工

6.2.1 门窗构件加工精度除应符合表 6.2.1 的要求，还应在下料之前对其型号、质量与颜色等进行检查。

表 6.2.1 门窗构件加工精度

1	杆件直角截料长度偏差		± 0.5 mm
2	杆件斜角截料时端头角度允许偏差		± 15′
3	平面装配间隙		≤ 0.3 mm
4	构件孔位	孔中心允许偏差	± 0.5 mm
		孔距允许偏差	± 0.5 mm
		累计偏差	± 1.0 mm
5	玻璃压条的加工精度		玻璃压条安装后应无鼓起或露槽，转角对接处接口平整，间隙应 < 0.5 mm
6	端头处理		无明显变形

6.2.2 塑料门窗型材应加衬增强型钢，增强型钢应满足工程强度设计要求。门用增强型钢最小壁厚不应小于 2.0 mm，窗用增强型钢最小壁厚不应小于 1.5 mm。增强型钢端头距型材端头内角距离宜不大于 15 mm，且不影响端头焊接。增强型钢与型材承载方向内腔配合间隙应不大于 1 mm。用于固定每根增强型钢的紧固件应不少于 3 个，其间距应不大于 300 mm，距型材端头内角距离应不大于 100 mm。固定后的增强型钢不应松动。

6.3 门窗组装

6.3.1 塑料门窗构件的焊接应牢固，不应有假焊、断裂等缺陷，焊角强度应大于其计算值。

6.3.2 铝合金门窗构件的连接应牢固，紧固件不应直接固定在隔热材料上，连接处缝隙应做密封处理，可采用柔性防水垫片或注胶进行密封，注胶应密实。角码连接面应涂抹组角胶，以增强门窗刚度，构件连接接口处的粘胶剂不应外溢。

6.3.3 开启部分的扇、框密封胶条与密封毛条的安装应符合下列要求：

1 密封胶条与密封毛条的断面形状及规格尺寸应与型材断面相匹配；

2 密封胶条镶嵌长度宜比边框内槽口长 1.5%～3.0%；

3 密封胶条与密封毛条镶嵌后应平整、严密、牢固，不得有脱槽现象；

4 密封胶条与密封毛条单边宜整根嵌装，不应拼接，接口设置应避开雨水直接冲刷处；

5 密封胶条角部接口处应进行粘结处理。

6.3.4 玻璃的安装应符合下列要求：

1 玻璃与槽口配合尺寸除应符合国家和四川省现行相关标准的规定外，图 6.3.4 中所示的最小安装尺寸还应符合表 6.3.4-1 和表 6.3.4-2 的要求，并在玻璃四周设置防震垫块，以缓和开关力的冲击；

表 6.3.4-1 塑料门窗中空玻璃的最小安装尺寸（mm）

中空玻璃	前、后余隙 a		嵌入深度 b	边缘余隙 c		
	前部余隙 a_1	后部余隙 a_2		下边	上边	两侧
5+A+5	3.0	2.5	14	6.0	5.0	5.0
6+A+6			15			

注：表中 A 为空气层厚度，为 9 mm、12 mm、15 mm、16 mm 等。

表 6.3.4-2　铝合金门窗中空玻璃的最小安装尺寸（mm）

中空玻璃	前、后余隙 a		嵌入深度 b	边缘余隙 c
	密封胶	胶条		
5+A+5、6+A+6	5.0	3.0	15	5.0
8+A+8、10+A+10、12+A+12	7.0	5.0	17	7.0

注：表中 A 为空气层厚度，为 9 mm、12 mm、15 mm、16 mm 等。

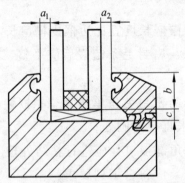

图 6.3.4　玻璃的安装间隙示意图

a_1—前部余隙；a_2—后部余隙；b—嵌入深度；c—边缘余隙

2　玻璃压条可采用 45°或 90°接口，安装后应平整牢固，贴合紧密，其转角部位拼接处间隙应不大于 0.5 mm，不得在一边使用两根及以上玻璃压条；

3　胶条拼接处间隙应不大于 0.5 mm；

4　安装中空镀膜玻璃时，镀膜玻璃应安装在室外侧，中空玻璃间层应保持清洁、干燥、密封；

5　玻璃采用密封胶安装时，胶缝应平滑整齐、无空隙和断口。

6.3.5 五金件安装应符合下列要求：

　　1 五金件采用的型号、配置应符合设计要求，安装应位置准确、牢固，易损件应便于更换；

　　2 五金件的安装处应采用柔性防水垫片或注胶进行密封；

　　3 单执手一般安装在扇中部，当采用两个或两个以上锁点时，锁点分布应合理；

　　4 五金件安装后的门窗框扇搭接量应符合设计要求。

6.4　包装及运输

6.4.1 门窗组装完成并检验合格后应进行清洁，并采取成品保护措施以防止污损、划伤、变形，成品应附有产品合格证书，包装应满足存放、运输的要求。

6.4.2 门窗应放置在清洁、通风、干燥的地方，环境温度应不高于 50 ℃，不得接触腐蚀性物质并防止雨水侵入；门窗产品不宜直接与地面接触，底部垫高应不小于 100 mm；不得平放，立放角度不小于 70°，并防止倾倒。

6.4.3 运输门窗的车辆应设有防雨措施，并保持清洁。运输门窗时，应竖立排放固定牢靠，防止颠震损坏。门窗各樘之间应采用非金属软质材料隔开；五金配件应采取保护措施，相互错开，以免相互磨损。

6.4.4 装卸门窗时，应轻拿、轻放；起运门窗时，其表面应采用非金属软质材料衬垫，并在门窗外缘选择牢靠平稳的着力点，不得在框扇内插入抬杠起吊。

7 安装施工

7.1 施工准备

7.1.1 门窗应采用预留洞口法安装。安装前洞口应进行抹灰找平，使洞口表面平整、尺寸规整。门窗洞口尺寸应符合现行国家标准《建筑门窗洞口尺寸系列》GB/T 5824 的规定。门窗框与洞口的间隙，应符合表 7.1.1 的要求。

表 7.1.1 门窗框与洞口的间隙（mm）

墙体饰面层材料	门窗框与洞口的间隙
清水墙	10 ~ 15
墙体外饰面抹水泥砂浆或贴马赛克	15 ~ 20
墙体外饰面贴釉面瓷砖	20 ~ 25

注：带下槛的门框高度应小于洞口高度 5 mm ~ 10 mm。

7.1.2 门窗框安装宜在室内外的保温系统、粉刷找平等作业完工且硬化后进行。外窗窗台面应做散水坡度，窗台板伸入墙体内的部分应略高于外沿。

7.1.3 门窗安装的环境温度不应低于 5 ℃。

7.1.4 当墙体材料为空心砖、轻质砌块砌体时，应在门窗紧固件位置预埋实心砖或混凝土块。

7.1.5 组合窗的洞口，应在拼樘料的对应位置设预埋件或预留孔洞。当洞口需要设置预埋件时，应检查预埋件的数量、规格及位置。预埋件的数量应和固定连接件的数量一致，其位置应正确。

7.1.6 门窗安装应在洞口尺寸符合规定且验收合格，并办好工种间交接手续后，方可进行。

7.1.7 安装门窗的构件和附件及材料品种、规格、色泽和性能应符合设计要求。门窗安装前，应按设计图纸要求检查门窗的数量、品种、规格、开启方向等。门窗的五金件、密封条、紧固件应齐全。

7.2　门窗安装

7.2.1 门窗安装入洞口时，其上下框应与洞口中线对齐，并确保门窗框上下边位置及内外朝向准确。门窗框在洞口墙体就位，用木楔、垫块或其他器具调整定位并临时楔紧固定时，不得使门窗框型材变形和损坏。

7.2.2 与水泥砂浆直接接触的铝合金门窗框安装前应进行防腐处理，阳极氧化、着色表面处理的铝型材，必须涂刷环保的、与外框和墙体砂浆粘接性好的防腐蚀涂料。

7.2.3 门窗框与洞口墙体安装连接应符合下列规定：

　　1 连接件可采用 Q235 钢材，其表面应进行镀锌处理。连接件厚度不小于 1.5 mm，宽度不小于 20 mm，在外框型材室内外两侧双向固定。固定点的数量与位置应根据门窗的尺寸、荷载、重量的大小和不同开启形式、着力点等情况合理布置。连接件距门窗边框四角的距离不大于 18 mm，其余固定点的间距不大于 500 mm。

2 门窗框与连接件的连接宜采用卡槽连接。若采用紧固件穿透门窗框型材固定连接件时，紧固件宜置于门窗框型材的中心线上，且不能破坏隔热条，紧固件处采取密封防水措施；

3 连接件与洞口混凝土墙基体可采用射钉、塑料胀锚螺栓、金属胀锚螺栓等紧固件连接固定。

4 对于砌体墙基体，可在连接点处预埋强度等级在 C20 以上的实心混凝土预制块，或根据各类砌体材料的应用技术规程或要求确定合适的连接固定方法。严禁用射钉直接在砌体上固定。

5 采用副框连接时，门窗框与副框应连接牢固，并采取可靠的防水密封处理措施。门窗框、副框与门窗洞口的安装缝隙防水密封胶宽度不应小于 6 mm。预埋副框和后置副框在洞口墙基体上的预埋、安装应连接牢固，防水密封措施可靠。

6 门窗与墙体连接也可采用其他可靠方式连接。

7.2.4 门窗框与洞口墙体安装缝隙的密封应符合下列要求：

1 门窗框与洞口之间的缝隙内应采用聚氨酯发泡胶填塞饱满。填塞时，宜先采用泡沫条填塞，再在内外侧用发泡聚氨酯密实嵌填，以及用密封胶和耐候胶收口密封。门窗下框填塞时，不能使门窗框胀突变形，临时固定用的木楔、垫块等不得遗留在洞口缝隙内。

2 门窗框与洞口墙体密封施工前，应先对密封处进行清洁处理，门窗框型材表面的保护材料应除去，表面不应有油污、灰尘；墙体部位应洁净、平整、干燥。

3 门窗框与洞口墙体的密封，应符合密封材料的使用要求。门窗框室外可视面与洞口粉刷层侧面留出密封槽，确保防水密封胶胶缝的宽度和深度均不小于 6 mm。

　　4　密封材料应采用与基材相容并且粘接性能良好的硅酮密封胶。密封胶施工应嵌填密实、表面平整美观。

7.2.5　组合门窗拼樘框应可靠地固定在洞口基体上。

7.3　成品保护

7.3.1　门窗安装完成后，应及时清除表面污物，避免排水孔堵塞并采取防护措施，不得使门窗受污损。

7.3.2　不应在门窗框、扇上搁置脚手架、悬挂重物；外脚手架不得顶压在门窗框、扇上，不应蹬踩门窗框、扇。

7.3.3　应防止利器划伤门窗表面，并应防止电、气焊火花烧伤或烫伤表面。

8 工程验收

8.1 一般规定

8.1.1 节能门窗工程验收时应检查下列文件和记录：

1 门窗工程设计说明、设计计算书及其他设计文件。

2 门窗施工方案、施工图等施工技术专项文件。

3 门窗的抗风压、水密、气密性能以及传热系数实验室检测报告。

4 双组分结构胶的混匀性试验（蝴蝶试验）记录及拉断试验记录。硅酮结构密封胶应提供产品合格证书和质量保证书，进口硅酮结构密封胶应提供商检报告。

5 型材、玻璃、密封材料及五金配件等材料的产品质量合格证书、性能检测报告、质量保证书和进场验收记录。

6 门窗安装洞口交接记录。

7 隐蔽工程的验收记录。

8 门窗产品质量合格证书。

9 门窗安装施工专项检查记录。

10 检验批验收记录。

8.1.2 节能门窗安装施工中，应对门窗与墙体接缝处的保温材料填充等隐蔽工程进行验收，并应有隐蔽工程验收记录和必要的图像资料。

8.1.3 当节能门窗采用隔热型材时，应提供型材所使用的隔热材料的物理力学性能检测报告。

8.1.4 节能门窗工程的检验批应按下列规定划分：

1 同一厂家的同一品种、类型和规格的门窗每 100 樘划分为一个检验批，不足 100 樘也为一个检验批；

2 同一厂家的同一品种、类型和规格的特种门窗每 50 樘划分为一个检验批，不足 50 樘也为一个检验批；

3 对于异形或有特殊要求的门窗，检验批的划分应根据其特点和数量，由监理（建设）单位和施工单位协商确定。

8.1.5 节能门窗工程的检查数量应符合下列规定：

1 每个检验批应抽查 5%，并不少于 3 樘；不足 3 樘时应全数检查。高层建筑的外窗，每个检验批应抽查 10%，并不少于 6 樘；不足 6 樘时应全数检查。

2 特种门窗每个检验批应抽查 50%，并不少于 10 樘；不足 10 樘时应全数检查。

8.1.6 节能门窗工程检验批合格判定应符合下列规定：

1 检验批应按主控项目和一般项目验收。

2 主控项目应全部合格。

3 一般项目应合格；当采用计数检验时，至少应有 90% 以上的检查数合格。

8.2 主控项目

8.2.1 节能门窗的品种、型号规格、开启方式、玻璃配置、断热桥状况等应符合设计要求和相关标准的规定，并应进行进场验收。

检验方法：观察、尺量检查；核查质量证明文件。

检查数量： 按本规程第 8.1.5 条执行；质量证明文件应按照其出厂检验批进行核查。

8.2.2 节能门窗（包括天窗）进场时，应对其传热系数、气密性能，玻璃遮阳系数、玻璃可见光透射比、透光及部分透光遮阳材料的太阳光透射比、太阳光反射比、中空玻璃的露点等进行复验，复验应为见证取样送检。

检验方法： 性能指标核查质量证明文件、复验报告、标识证书。

传热系数、气密性能复验应采取随机抽样送检，按照检测报告核对门窗节点构造；对于有门窗节能性能标识的门窗产品，可核查标识证书与标识门窗的传热系数和气密性指标，并按照门窗节能性能标识模拟计算报告核对门窗节点构造。

建筑节能门窗复检项目内容按附录 A 规定，门窗及中空玻璃抽样复验报告内容按本规程附录 B 规定。

玻璃性能复验为进场的门窗随机抽样送检。中空玻璃性能检验按四川省地方标准《居住建筑节能保温隔热工程质量验收规程》DB 51/5033 附录 K 规定的方法进行。

遮阳材料进场时随机抽样送检。

检查数量： 质量证明文件、复验报告和计算报告等全数核查。

门窗、遮阳产品复验时，外门窗传热系数、玻璃传热系数、遮阳系数、可见光透射比性能、遮阳材料太阳光透射比及太阳光反射比等，按同一厂家、品种、类型的产品各抽查不少于 1 樘（件）抽样检测；外门窗气密性能，按同一厂家、品种、类型的产品各抽查不少于 3 樘（件）抽样检测；同一生产厂家的同一种产品的中空玻璃密封性能抽样每组应为 15 块。门窗、玻璃的相关性能检测可安排抽样在一组样品完成检测。

8.2.3 金属门窗型材的隔热措施应符合设计要求和产品标准的规定，金属副框应按照设计要求采取保温措施。副框宜采用多功能复合材料。

　　检验方法：随机抽样，对照产品设计图纸，剖开或拆开检查。

　　检查数量：同一厂家同一品种、类型的产品各抽查不少于 1 樘。

8.2.4 型材的壁厚应符合设计要求和产品标准的规定。门窗扇密封条和玻璃镶嵌密封条的物理性能应符合本规程及相关标准的要求。镀（贴）膜玻璃的安装方向应正确。

　　检验方法：随机抽样，对照产品设计图纸，剖开或拆开检查。

　　检查数量：同一厂家同一品种、类型的产品各抽查不少于 1 樘。

8.2.5 严寒、寒冷地区的建筑外窗以及夏热冬冷地区的高层和超高层建筑的建筑外窗，应对其气密性做现场实体检测，检测结果应满足设计要求。

　　检验方法：对于有门窗节能性能标识的门窗产品，核查标识证书与标识标签；对于没有门窗节能性能标识的门窗产品，随机抽样现场检验，检测方法从《建筑外窗气密、水密、抗风压性能现场检测方法》JGJ/T 211 中选择。

　　检查数量：同一厂家同一品种、类型的产品各抽查不少于 3 樘。

8.2.6 外门窗框或副框与洞口之间的间隙应采用弹性闭孔材料填充饱满，并进行防水密封。

　　检验方法：观察检查；核查隐蔽工程验收记录。

检查数量：全数检查。

8.2.7 节能天窗安装的位置、坡向、坡度应正确，封闭严密，嵌缝处不得渗漏。

检验方法：观察检查；用水平尺（坡度尺）检查；淋水检查。

检查数量：每个检验批按第 8.2.4 条最小抽样数量的 2 倍抽样。

8.3 一般项目

8.3.1 节能门窗在安装过程中，应按表 8.3.1 的要求进行自检。

表 8.3.1 门窗安装质量要求和检验方法

项 目	质量要求	检验方法
表面	洁净、平整、光滑、色泽一致，无锈蚀。无明显划痕、碰伤，漆膜或保护层应连续	目测
五金件	型号、规格、数量符合设计要求，安装牢固、位置正确、满足使用功能	目测、量尺
玻璃密封条	密封条与玻璃及玻璃槽口的接触应紧密、平整，不得卷边、脱槽	目测
隔热材料	外观光滑、平整，表面不应有毛刺、麻点、裂纹、起皮、气泡及其他缺陷	目测
密封质量	门窗关闭时，扇与框间无明显缝隙，密封面上的密封条应处于压缩状态	目测
玻璃	安装好的玻璃应平整、安装牢固、不应有松动现象；内外表面均应洁净，玻璃夹层内不得有灰尘和水汽；玻璃间隔条不得翘起；镀膜玻璃应在室外侧，镀膜层应朝向室内	目测

项目		质量要求	检验方法
压条		带密封条的压条必须与玻璃全部贴紧,压条与型材的接缝处应无明显缝隙,压条的接头缝隙应≤0.5 mm	目测、塞尺
拼樘料		拼樘料应与窗框连接紧密,不得松动,螺钉间距应≤500 mm,且不少于2点;拼樘料两端均应与洞口固定牢固;拼樘料与窗框间用密封胶密封	目测
开关部件	平开门窗扇	关闭严密,搭接量均匀;开关灵活、密封条不得脱槽; 铝合金门窗开关力≤50 N; 平合页塑料门窗开关力≤80 N; 30 N≤摩擦铰链塑料门窗开关力≤80 N	目测、弹簧秤
	推拉门窗扇	关闭严密,扇与框搭接量符合设计要求; 铝合金门窗开关力≤50 N; 塑料门窗开关力≤100 N	目测、深度尺、弹簧秤
	旋转门窗	关闭严密,间隙均匀,开关灵活	目测
框与墙体连接		门窗框应横平竖直、高低一致,固定片安装位置应正确,间距应≤500 mm,框与墙体应连接牢固,接缝处应采用隔声、防水、无腐蚀性材料填嵌饱满,表面用密封胶密封,无裂缝。填塞及密封材料与施工方法等应符合本规程相关的要求	目测
排水孔		位置、数量正确;排水畅通	目测

8.3.2 密封条安装位置应正确,镶嵌牢固,不得脱槽。接头处不得开裂。关闭门窗时密封条应接触严密。

检验方法：观察检查。

检查数量：全数检查。

8.3.3 采用密封胶密封的中空玻璃应采用双道密封,均压管应密封处理。

检验方法：观察检查。

检查数量：全数检查。

附录 A 建筑节能门窗复检项目

表 A 建筑节能门窗复检项目

序号	复检项目	数 量
1	气密性	按同一厂家、品种、类型的产品各抽查不少于1樘（件）抽样检测；外门窗气密性能，按同一厂家、品种、类型的产品各抽查不少于3樘（件）
2	传热系数	
3	中空玻璃露点	同一厂家的同一品种的中空玻璃抽样数量每组应为15块
4	玻璃遮阳系数	同一厂家的同一品种的中空玻璃抽样数量每组应为1块
5	可见光透射比	

附录 B 门窗及中空玻璃抽样复验报告内容

B.0.1 门窗复验报告应包括下列内容：

1 工程基本情况：工程名称、委托单位、建设单位、施工单位、监理单位、生产单位等内容。

2 试件的品种、系列、型号、规格、主要尺寸、节点图（包括试件立面和剖面、型材和玻璃截面等）；

3 玻璃品种及镶嵌方法（包括玻璃厚度和间隔层厚度，气体种类等）；

4 注明密封条或密封胶类型及材料；

5 隔热铝合金型材注明穿条式或浇注式，并注明隔热条高度；

6 注明五金配件型号、规格；

7 检测计算结果及检测结论；

8 检测用的主要仪器设备；

9 温度和气压；

10 检测日期和检测人员；

11 抽样人和见证人及证件编号。

B.0.2 中空玻璃复验报告应包括下列内容：

1 工程基本情况：工程名称、委托单位、建设单位、施工单位、监理单位、生产单位、玻璃类型等内容；

2 试件的品种、型号、规格、主要尺寸（包括玻璃厚度和空气间隔层厚度、Low-E 膜号等）；

3 中空玻璃间隔条（铝隔条或暖边条等）；

4 检测结果及检测结论；

5 检测用的主要仪器设备；

6 温度和相对湿度；

7 检测日期和检测人员；

8 抽样人、见证人姓名。

本规程用词说明

1 为便于在执行本规程条文时区别对待，对要求严格程度不同的用词说明以下：

　　1）表示很严格，非这样做不可的：

　　　　正面词采用"必须"，反面词采用"严禁"；

　　2）表示严格，在正常情况下均应这样做的：

　　　　正面词采用"应"，反面词采用"不宜"；

　　3）表示允许稍有选择，在条件许可时首先应这样做的：

　　　　正面词采用"宜"，反面词采用不"不宜"；

　　4）表示有选择，在一定条件下可以这样做的：采用"可"。

2 本规程中指定应按其他有关标准、规范执行时，写法为："应符合……的规定（或要求）"或"应按……执行"。

引用标准名录

1 《建筑结构荷载规范》GB50009

2 《建筑物防雷设计规范》GB 50057

3 《民用建筑热工设计规范》GB50176

4 《公共建筑节能设计标准》GB50189

5 《建筑装饰装修工程质量验收规范》GB50210

6 《民用建筑设计通则》GB 50352

7 《碳素结构钢冷轧钢带》GB716

8 《铝合金建筑型材》GB5237.1～6

9 《平板玻璃》GB11614

10 《建筑用安全玻璃第二部分：钢化玻璃》GB15763.2

11 《建筑用安全玻璃第三部分：夹层玻璃》GB15763.3

12 《室内装饰装修材料水性木器涂料中有害物质》GB24410

13 《建筑采光设计标准》GB/T 50033

14 《金属材料室温拉伸试验方法》GB/T 228

15 《纤维增强塑料弯曲性能试验方法》GB/T 1449

16 《色漆和清漆人工气候老化和人工辐射曝露（滤过的氙弧辐射）》GB/T 1865

17 《建筑玻璃可见光透射比、太阳光直接透射比、太阳能总透射比、紫外线透射比及有关窗玻璃参数的测定》GB/T2680

18 《建筑门窗洞口尺寸系列》GB/T5824

19 《建筑外门窗气密、水密、抗风压性能分级及检测方法》

GB/T7106

20 《铝合金门窗》GB/T8478

21 《建筑外门窗保温性能分级及检测方法》GB/T8484

22 《建筑门窗空气声隔声性能分级及检测方法》GB/T8485

23 《门、窗用未增塑聚氯乙烯（PVC-U）型材》GB/T8814

24 《色漆和清漆漆膜的划格试验》GB/T9286

25 《中空玻璃》GB/T11944

26 《塑料门窗密封条》GB/T12002

27 《硅酮建筑密封胶》GB/T14683

28 《半钢化玻璃》GB/T17841

29 《着色玻璃》GB/T18701

30 《镀膜玻璃》GB/T18915.1 ~ 2

31 《室内装饰装修用水性木器涂料》GB/T23999

32 《建筑用塑料门》GB/T28886

33 《建筑用塑料窗》GB/T28887

34 《木门窗》GB/T29498

35 《建筑用节能门窗第1部分：铝木复合门窗》GB/T29734.1

36 《塑料门窗工程技术规程》JGJ103

37 《夏热冬冷地区居住建筑节能设计标准》JGJ134

38 《铝合金门窗工程技术规范》JGJ 214

39 《建筑门窗玻璃幕墙热工计算规程》JGJ/T 151

40 《建筑门窗工程检测技术标准》JGJ/T 205

41 《建筑外窗气密、水密、抗风压性能现场检测方法》JGJ/T 211

42 《建筑木门、木窗》JG/T 122

43 《聚氯乙烯（PVC）门窗增强型钢》JG/T 131

44 《建筑用隔热铝合金型材穿条式》JG/T 175

45《塑料门窗及型材功能结构尺寸》JG/T 176

46《建筑门窗用密封胶条》JG/T 187

47《建筑门窗五金件通用要求》JG/T 212

48《建筑门窗用未增塑聚氯乙烯彩色型材》JG/T 263

49《建筑窗用弹性密封胶》JC/T 485

50《中空玻璃弹性密封胶》JC/T 486

51《建筑门窗密封毛条技术条件》JC/T 635

52《中空玻璃用丁基热熔密封胶》JC/T 914

53《门、窗用玻璃纤维增强塑料拉挤中空型材》JC/T 941

54《中空玻璃间隔条第 1 部分：铝间隔条》JC/T 2069

55《中空玻璃用干燥剂》JC/T 2072

56《木器用不饱和聚酯漆》LY/T 1740

57《集成材非结构用》LY/T 1787

四川省工程建设地方标准

四川省建筑节能门窗应用技术规程

DBJ51/T041 – 2015

条 文 说 明

目　次

1 总 则

1.0.1 本条是明确制定本规程的目的。

建筑门窗是建筑外围护结构中的主要构件之一，是功能要求最多和外立面中最醒目的部位，也是建筑在采暖与空调制冷期间围护结构中热冷耗量最大的部位，是建筑节能的重点。目前城市建设中的高层建筑越来越多，建筑的开窗面积大，有的几乎类似玻璃幕墙。在大面积的外窗中，绝大部分是固定窗，只有很小一部分可开启。建筑节能与绿色建筑的可持续发展，需要节能、安全、环保的高性能外门窗与之相适应。

就全国范围看，目前大多是偏重于某一型材、玻璃系统或某一型材与玻璃系统组成的外窗制定产品或技术标准，或者仅从建筑门窗的节能设计要求、热工性能计算或术语解释与节能工程验收等方面制定标准，尚无一本全面包含门窗材料选择、制作加工、设计、安装施工及工程质量验收的技术标准。基于此，在建筑门窗的材料选择，加工制作、设计、安装施工与工程质量验收整个环节中，常常出现引用不同标准要求而导致不规范和出现差错的情况。

四川省的建筑门窗行业发展很早，有实力和上规模的型材、玻璃及组装门窗的生产厂家不少。随着城镇化进程的加快，新建和既有建筑节能改造对节能、安全、环保的高性能门窗的需要量也会增大。制定本规程的目的，正是适应建筑市场发展的现实和建筑节能与绿色建筑可持续发展的需要，为提高四川省建筑节能门窗产品及工程质量，保证节能、安全、环保性能符合要求，促进建筑节能门窗的有序发展。

1.0.2 明确本规程的适用地区、建筑类型及技术要求范围。

由于"改建和扩建的民用建筑"包含"既有建筑节能改造"的内容，本条未将一般写法中的"既有建筑的门窗节能改造可参照本规程执行"纳入条文的建筑类型内。

按本规程名，技术要求中的材料选择、设计、加工制作、施工安装及工程质量验收包含节能窗和节能门。

门除有特殊的防火、隔声要求外，节能要求主要是门的传热系数。居住建筑节能设计标准对外门和户门提出了不同的传热系数要求，公共建筑设计标准则没有具体的要求。门的镶板大多为非透明材料与透明或半透明材料组成，对于由玻璃系统与不同型材组成的玻璃门的技术要求，可按本规程节能窗的技术要求执行；对于由半透明或非透明镶板系统与型材组成的门，可参照本规程的相关技术要求执行。

2 术 语

　　本规程名为《四川省建筑节能门窗应用技术规程》，既包含了节能窗，也包含了节能门。所以针对建筑节能窗与节能门及其组成材料有关部分的词汇进行界定和解释。在界定和解释这些术语时，既考虑了与现行标准中有关术语的相关性和惯常性，也着重考虑了对所列术语的内涵、特点及其界定和解释的贴切性和通用性。

3 基本规定

3.0.2 建筑节能门窗是由型材、玻璃或非透明镶板系统及构配件组成的产品，组成材料的质量是保证产品质量的关键。本规程第四章规定了节能门窗的主要组成材料及产品的性能指标要求，以及应按现行行业标准《建筑门窗工程检测技术标准》JGJ/T 205 规定的检验方法进行检验，提出检验报告或有效的质量合格证明文件。

3.0.3 按照国家发改运行〔2003〕2116 号"关于印发《建筑安全玻璃管理规定》的通知"，安全玻璃是指符合现行国家标准的钢化玻璃、夹层玻璃及由钢化玻璃或夹层玻璃组合加工而成的玻璃制品，如安全中空玻璃等。

3.0.4 本条是对建筑节能门窗进入建筑工地现场提出的检查验收提出要求。同时应与 3.0.1 的要求结合对其节能性能进行检查。

3.0.5 本条对节能门窗的安装施工程序提出要求，即首先应在建筑主体及门窗洞口基层施工完成并经质量验收合格后进行。特别是当建筑外墙是采用外保温系统工程时，更应当在门窗洞口的外保温系统工程完成后，将节能门窗安装在外墙外保温系统上。因此，窗的外形尺寸设计必须考虑外框与门窗洞口之间的外保温系统厚度的尺寸要求。同时，还应在施工安装完成后及时对窗框与洞口间的接合缝进行防水密封及保温填缝处理，保温填缝应饱满且无空腔、孔洞，以保证门窗施工安装

54

后的周边质量符合建筑构造与建筑节能设计的要求。

3.0.7、3.0.8 玻璃是易受外力碰撞和振动而破损的材料,玻璃系统在建筑窗及玻璃门中所占的面积最大,容易被外力撞坏或使用不当而破损造成对人体或其他物体有害的安全隐患。有关建筑门窗设计的技术标准都规定了使用安全玻璃的玻璃面积条件和设置适宜的醒目标志与防护措施的部位。所以,除玻璃系统的相关性能指标及门窗的安装位置、固定及开启方式与开启面积应符合设计要求外,尚应符合此两条提出的安全防护要求。

4 材　料

4.1 型　材

4.1.1 本条是对塑料型材的以下三项提出要求：

1 为保证塑料门窗的使用寿命，对型材的老化要求作出规定。同时因通体型材颜色耐久性差，建议不用于建筑外窗。

2 型材的可焊接性能直接关系到塑料门窗框、扇焊接角的耐开裂性能，如果焊接角的破坏力达不到规定要求，势必导致门窗框、扇存在裂角隐患。

3 对于型材壁厚的规定，是为了确保型材自身必需的强度以及五金件的连接强度，同时也可确保焊接角的强度。

4.1.2 现行国家标准《铝合金建筑型材》GB 5237.1～6包括《铝合金建筑型材》GB 5237.1－2008～GB 5237.5－2008 和GB5237.6－2012。表 4.1.2-2 铝合金门窗型材壁厚在《铝合金建筑型材》GB 5237.1 中的 4.4.1.1.2 条规定：除压条、压盖、扣板等需要弹性装配的型材之外，型材最小公称壁厚应不小于1.20 mm。也就是说所有主型材的最小公称（设计）壁厚不得低于 1.20 mm，包括毛条槽口和胶条槽口以及推拉门窗型材不受力的翅壁等部位。

现行国家标准《铝合金门窗》GB/T 8478 中 5.1.2.1.1 条规定，外门窗框、扇、拼樘框等主要受力杆件所用主型材壁厚应经设计计算或试验确定。基材最小实测壁厚，外门不应低于

2.0 mm，外窗不应低于 1.4 mm。主型材截面主要受力部位是主型材横截面中承受垂直和水平方向荷载作用力的腹板、翼缘或其他构件的连接受力部位。主要受力部位是指图 4.1.2 中的A、B 两类壁厚。

表 4.1.2-3 所列基材壁厚是采用分辨率为 0.5 μm 的膜厚检测仪和精度为 0.02 mm 的游标卡尺在型材的不同部位分别测量表面处理膜厚和型材壁厚（总厚度），测点不应小于 3 点。基材的实测壁厚为型材壁厚与膜厚之差并经计算求得，精确到0.01 mm，取平均值。

穿条式隔热铝合金型材的隔热条不应采用 PVC 材料。PVC材料的膨胀系数比铝型材高，在高温和机械荷载下会产生较大的蠕变，导致型材变形。聚酰胺（PA66GF25）隔热条膨胀系数与铝型材相近，机械强度高，耐高温、防腐性能好，是铝型材理想的隔热材料。

4.1.4 含水率检测参照现行行业标准《建筑木门、木窗》JG/T122 检测方法：用木材含水率测定器，在同一杆件上任意三点测量计算其平均值。

4.1.5 本条第（3）中所指集成材是将纤维方向基本平行的板材、小方材等在长度、宽度和厚度方向上集成胶合而成的材料；指接材是以锯材为原料经指榫加工，胶合接长制成的板材。

为促进复合型材在四川省的研发生产与应用，本条特别针对复合型材的性能提出了要求。表 4.1.5 中的结合强度是指在复合型材横截面方向施加在单位长度的横向拉力。

4.2 玻 璃

4.2.1 表面发射率又称半球辐射率或热辐射率

4.2.2 干法夹层玻璃是两层或多层玻璃之间夹上聚乙烯醇缩丁醛（PVB）中间膜、聚碳酸酯（PC）板、聚氨酯（PU）板等塑料材料，经高压釜加工制成。常用的夹层玻璃制品中间材料为聚乙烯醇缩丁醛（PVB）胶片等耐紫外、有良好粘接性能的胶片，并作封边处理。干法夹胶玻璃质量稳定可靠，规定建筑节能门窗选用干法工艺加工的夹层玻璃是适宜的。同时，考虑生产加工工艺的可靠性以及避免夹层玻璃两片受风荷载不均引起玻璃破损，规定夹层玻璃的两片玻璃的厚度差不大于 2 mm。

4.2.3 铝间隔条应符合现行行业标准《中空玻璃间隔条 第1部分：铝间隔条》JC/T 2069 的相关规定，干燥剂应符合现行行业标准《中空玻璃用干燥剂》JC/T 2072 的相关规定，密封胶应符合现行行业标准《中空玻璃弹性密封胶》JC/T 486 和《中空玻璃用丁基热熔密封胶》JC/T 914 的规定。

6 mm 间隔层的中空玻璃，节能性差，且中空玻璃面积稍大，在外环境作用下，极有可能造成两片玻璃贴合在一起，甚至造成玻璃破损，综合考虑中空玻璃间隔层厚度不小于9 mm 是性价比优的最实际选择。特别是近年来窗面积大，中空玻璃单片厚度选择大于 5 mm 是从强度和安全方面综合考虑。

中空玻璃采用暖边间隔条可进一步降低门窗的传热系数，适合节能要求较高的建筑节能门窗使用。

4.5 其他材料

4.5.1 支承块（玻璃垫块）不得使用硫化再生橡胶、木片或其他吸水性材料。

4.6 性能要求

4.6.1 本条对门窗框、扇外形尺寸允许偏差提出的要求，是依据现行国家标准《建筑用塑料门》GB/T 28886、《建筑用塑料窗》GB/T 28887 及《铝合金门窗》GB/T 8478 的规定确定。考虑节能门窗的性能指标要求应高于普通门窗，故对节能铝合金隔热门窗的宽度和高度允许偏差提出应略高于普通铝合金门窗的要求。

整窗的遮阳性能和可见光透射比不是直接检测数据，而是依据《建筑玻璃 可见光透射比、太阳光直接透射比、太阳能总透射比、紫外线透射比及有关窗玻璃参数的测定》GB/T 2680 进行玻璃系统的检测，然后按照《建筑门窗玻璃幕墙热工计算规程》JGJ/T 151 进行的规定计算得到的。在没有具体窗型的情况下，整窗的遮阳系数和可见光透射比可以按照《夏热冬冷地区建筑节能设计标准》JGJ134 的规定快速计算。

5 设 计

5.1 一般规定

5.1.1 四川省有严寒、寒冷、夏热冬冷、温和四个建筑气候分区，不同气候区域对节能门窗的性能要求是不同的。严寒、寒冷地区注重的是较低的传热系数及较高的遮阳系数；温和及夏热冬暖地区注重较低的遮阳系数；夏热冬冷地区则需二者兼顾，既要适当低的传热系数，又需要适当的遮阳系数。

5.2 立面设计

5.2.1 门窗立面分格尺寸的确定，受到玻璃最大面积、开启扇最大面积、受力杆件截面大小和加工工艺条件的限制，设计时应参照现行国家标准《民用建筑设计通则》GB 50352，根据门窗受力构件和玻璃的结构计算结果合理选定。同时还应参照现行国家标准《民用建筑热工设计规范》GB 50176 和《公共建筑节能设计标准》GB 50189 确定窗墙面积比以及《建筑采光设计标准》GB/T50033 确定窗地面积比。

5.2.3 建筑门窗的开启形式、开启面积比例和安装形式，应根据各类房间的使用特点确定，并应满足房间自然通风和保证启闭、美观、维修方便安全性要求。

5.3 结构设计

5.3.1 本条是根据现行国家标准《建筑结构荷载规范》GB 50009 的规定提出。其中的基本风压重现期 50 年及基本风压 W_0（kN/m^2），应参照该规范中的四川全省各地 50 年一遇的基本风压。参照门窗产品分级标准和四川省实际情况，门窗设计所用的风荷载标准值 W_k 计算值小于 1.0 kN/m^2 时按 1.0 kN/m^2 采用。风荷载体型系数μ_{s1}、风压高度变化系数μ_z 应按该规范的有关规定选取。

5.3.2 计算方法应依据现行国家标准《建筑用塑料窗》GB/T 28887 和《建筑用塑料门》GB/T 28886 附录中的建筑外窗抗风压强度、挠度计算方法。

5.4 性能设计

5.4.2 门窗的气密性能是直接影响建筑节能效果的重要性能之一。门窗的气密性设计，推拉门窗框扇采用摩擦式密封时，应使用密度较高的硅化密封毛条，采用中间加胶片的硅化密封毛条或软质橡胶密封条，可确保密封效果。

为保证门窗的气密性，门窗设计时应考虑扇自身的挠度变形，在扇高不足 900 mm 时，可以采用单点锁闭；扇高超过 900 mm 但不足 1 500 mm 时采用两个锁点；扇高超过 1 500 mm 时采用三个以上锁点锁闭。

5.5 安全设计

5.5.1 现行行业标准《铝合金门窗工程技术规范》JGJ 214 和《建筑安全玻璃管理规定》(发改运行〔2003〕2116 号)均提出,面积大于 1.5 m² 的窗玻璃或玻璃底边离最终装修面小于 500 mm 的落地窗要采用安全玻璃;按现行行业标准《塑料门窗工程技术规程》JGJ103 要求,距离可踏面高度 900 mm 以下的窗玻璃必须使用安全玻璃。按照现行国家标准《民用建筑设计通则》GB 50352 的规定,所谓可踏面,是指宽度大于 220 mm,高度低于 450 mm 的一个可供人踩踏的平面。

5.5.3 门窗玻璃压条应安装在室内侧,保证门窗具有安全性,防盗性以及防水性能。

6 加工制作

6.1 一般规定

6.1.1 门窗生产能力要求包括：门窗生产设施布局合理，场地面积应在 2 000 m² 以上；按工艺要求配备齐全、能正常运转的生产设备；检测和计量设备齐全并定期检定；除此，还应配备合理的人力资源。

6.1.3 门窗所用材料及配套件必须满足设计要求及符合现行有关标准规定，并应有出厂合格证、质量保证书和有资质的检验机构出具的检测报告，材料入库应按规格标准和使用期限严格验收。分类放置入库前应对主要材料外观、规格尺寸等进行抽检。

6.2 门窗构件加工

6.2.1 型材加工精度是影响门窗质量重要的因素。由于运输、搬运等原因，门窗构件在截料前应检查其弯曲度、扭拧度是否符合要求；不符合标准要求的须使用机械方法进行适当校直调整，直至符合标准要求。

6.3 门窗组装

6.3.2 本条提出铝合金门窗的连接要求及注意事项。紧固件直接固定在隔热材料上会破坏隔热材料，影响隔热材料整体力学性能。

6.3.4 本条是对玻璃及胶条的安装提出要求。当铝合金型材为主受力杆件，中空玻璃最小安装尺寸应符合表 6.3.4-2 的规定；当木型材为主受力杆件，槽口采用密封胶密封时，配合间隙 a 不应小于 1 mm。

胶条拼接处间隙应不大于 0.5 mm；胶条接头部位应合理，推拉门窗扇上的胶条接头部位应置于扇的上部；外开窗扇的胶条接头部位应置于扇的下部；外开窗框的胶条接头部位应置于框的上部。

门窗组装的各工序均应实施工序检测，经检测合格的半成品方能转入下一工序。

7 安装施工

7.1 施工准备

7.1.1 安装门窗，应采用预留洞口的方法施工，不得采用边安装边砌口或先安装后砌口的方法施工，其目的主要是防止门窗框受挤压变形和表面保护层受损。

当采用附框构造时，附框材料的材质及规格由设计确定。

洞口尺寸设计应考虑墙体保温层厚度的影响。当墙体有保温系统施工时，应根据建筑设计的洞口尺寸，扣除墙体保温层厚度，并选用高效绝热的填充材料填充间缝。

7.1.2 为防止水从装饰面层的裂缝中渗入窗台内侧，而影响室内装修质量，本条规定外窗窗台板基体上表面应有 5% ~ 8% 的向外泛水，其伸入墙体内的部分应略高于外露板面。

7.1.5 组合窗拼樘料不仅起连接作用，而且是组合窗的重要受力构件，保证组合窗安装牢固。

7.1.6 门窗安装为专业施工，为规范门窗施工单位与土建总包施工单位之间的质量行为，明确责任，故作出本条规定。各相关方责任由工程合同约定。

7.2 门窗安装

7.2.3 门窗与主体连接可采用连接件焊接连接（适用于钢结

构）、预埋件连接（适用于钢筋混凝土和轻质墙体）、燕尾铁脚连接（砖墙结构）、金属膨胀螺栓连接（适用于钢筋混凝土墙体或砖墙）、射钉连接（适用于钢筋混凝土结构）等方式。

7.2.4　本条规定了门窗安装施工时，门窗框与洞口墙体的临时楔紧固定、连接固定、安装缝隙的填塞及防水密封处理等技术要求。门窗框与洞口墙体安装缝隙的填塞，不应使门窗框胀突变形。门窗框与洞口墙体安装缝隙的密封，要确保墙边防水密封胶缝的宽度和深度均不小于 6 mm，这要靠专门留出的墙边密封槽口来保证。

7.2.5　组合门窗拼樘框起着分割洞口立面并固定单樘基本窗的重要作用，必须有足够的刚度和强度，且应直接与洞口墙基体可靠固定，以确保门窗安装的牢固。

8 工程验收

8.1 一般规定

8.1.1 现行国家标准《建筑装饰装修工程质量验收规范》GB 50210 规定门窗工程验收应检查的文件和记录中有"材料的产品合格证书、性能检测报告、进场验收记录和复验报告"，但未有条文说明作具体解释。根据门窗工程的实际情况，为便于标准的执行，并确保工程质量，可考虑对使用量比较多的主要材料和重要的受力五金配件的主要项目进行复验。

8.1.2 规定施工检查内容，包括安装、缝隙状况及保温材料填充等隐蔽工程验收。强调门窗框与墙体安装缝隙影响节能效果，必须处理好。

8.2 主控项目

8.2.1 建筑外门窗的品种、型号规格、开启方式、玻璃配置、断热桥状况等应符合设计要求和相关标准的规定，这是基本要求，应严格执行。

门窗主要是由型材和玻璃两大部分与五金配件装配而成。按窗框厚度分为 50 系列、60 系列、70 系列等；按开启方式分为外平开、内平开、推拉、上悬、下悬等。

型材品种分为塑料型材、隔热铝合金型材、木型材、铝木复合型材等。

玻璃品种分为普通透明玻璃、低辐射镀膜玻璃、阳光控制镀膜玻璃等。镀膜玻璃应有生产厂家及相应的膜号。

8.2.2 建筑外门窗的气密性、保温性能、中空玻璃露点、遮阳系数和可见光透射比，都是强制性的节能指标，应符合建筑节能设计标准要求。

四川省内已有多家企业获得了建筑门窗节能性能标识证书。在建筑门窗节能性能标识申请和审查时，已经对申请标识的规格产品进行了严格测试和模拟计算，经性能标识的节能窗的性能指标是可信的。验收时只需复验玻璃的性能指标，并对照标识证书及报告，核对相关构件材料、附件和节点构造。

门窗产品复验时抽取的样品应具有工程代表性，当框传热系数大于配置的玻璃系统传热系数（如铝合金窗、隔热铝合金窗配置中空玻璃）时，应抽框窗面积比较大的样品；当框传热系数小于配置的玻璃系统传热系数时，则应抽框窗面积比较小的样品。样品尺寸宜在 900 mm × 900 mm ~ 1800 mm × 1800 mm 区间选取，且应有开启部分。

玻璃抽样时，宜直接抽取门窗上的玻璃进行测量。条件不具备时，也可以采取专门制作样品，与门窗玻璃进行核对后送实验室检测。

采用分光光度计测玻璃的透射光谱和表面的反射光谱，用光谱仪测试玻璃表面的半球发射率。仪器的波长范围及玻璃系统的传热系数、遮阳系数和可见光透射比计算，均应符合现行行业标准《建筑门窗玻璃幕墙热工计算规程》JGJ/T 151 的要求。

8.2.3 金属门窗的隔热措施非常重要，直接关系到传热系数的大小。金属框的隔断热桥措施，一般采用穿条式、注胶式，或采用连接点断热措施。验收时应检查外门窗金属型材的隔断热桥措施是否符合设计要求和产品标准的规定。如隔热条宽度有 12 mm、14.8 mm、25 mm、35 mm 等，形状有 I 型隔热条、T 型隔热条、C 型隔热条、CT 型隔热条、CG 型隔热条、空心隔热条等。

有些金属门窗采用先安装副框的安装方法，这可以在土建基本施工完成后安装门窗，能很好地保护门窗的外观质量。但金属副框会形成新的热桥，故建议采用多功能复合材料的非金属窗附框，或采用隔热措施效果优于门窗型材的金属副框。如由钢型材承担结构力学作用时，可采用热固性树脂为基体材料、玻璃纤维为主要增强材料，加入一定助剂和辅助材料，经拉挤工艺成型，并设有防雨水渗入的披水板，形成门窗安装与建筑主体洞口连接的外窗附框。

8.2.5 严寒、寒冷、夏热冬冷地区的建筑外窗密封性能非常重要，为了保证应用到工程的产品质量，本规程要求对外窗的气密性能做现场实体检验。取得门窗节能性能标识的产品在标识时进行了严格的测试，其性能是真实可靠的。验收时只需要对照标识证书核对相关的材料、附件、节点构造，不必再进行产品的气密性能现场实体检验。

8.2.6 外门窗框与副框之间以及门窗框或副框与洞口之间间隙的密封也是影响建筑节能的一个重要因素，控制不好容易导致渗水和形成热桥，应该对缝隙的填充情况进行检查。

8.2.7 天窗与节能有关的性能均与普通门窗类似。天窗的安装位置、坡度等均应正确，并保证封闭严密，不渗漏。

8.3 一般项目

8.3.1 在安装过程中，为防止门窗的框、扇型材胀缩、变形时导致玻璃破碎，门窗玻璃不应直接接触型材。

镀膜玻璃有两方面的作用，一是提高遮阳性能，二是降低传热性能。膜层位置与门窗节能性能和中空玻璃的耐久性均有关。为保护镀膜玻璃上的镀膜层及发挥镀膜层的作用，单面镀膜玻璃的镀膜层应朝向室内。中空玻璃中的单面镀膜玻璃应在最外层，镀膜层应朝向空气间层一侧。为保护磨砂玻璃的磨砂层，磨砂层也应朝向室内。

8.3.2 门窗扇和玻璃的密封条安装及材料性能对门窗节能性能有很大影响，使用中经常出现由于密封条断裂、收缩、低温变硬等缺陷造成门窗渗水，气密性能差。

8.3.3 为了保证中空玻璃在长途运输过程中不至于损坏，或者保证中空玻璃不至于因生产环境和使用环境相差甚远而出现损坏或变形，许多中空玻璃设有均压管。在玻璃安装完成之后，均压管应进行密封处理，确保中空玻璃的密封性能。